河南省工程建设标准

钻芯法检测砌体抗剪强度技术规程

Technical specification for testing shear strength of masonry with drilled core

DBJ41/T168—2017

主编单位:河南省建筑科学研究院有限公司
批准单位:河南省住房和城乡建设厅
施行日期:2017 年 4 月 1 日

黄河水利出版社

2017　郑州

图书在版编目(CIP)数据

钻芯法检测砌体抗剪强度技术规程/河南省建筑科学研
究院有限公司主编. —郑州:黄河水利出版社,2017.3
ISBN 978 - 7 - 5509 - 1727 - 9

Ⅰ.①钻… Ⅱ.①河… Ⅲ.①砌体结构 - 抗剪强度 -
检测 - 技术规范 Ⅳ.①TU209 - 65

中国版本图书馆 CIP 数据核字(2017)第 065612 号

出 版 社:黄河水利出版社
　　　　地址:河南省郑州市顺河路黄委会综合楼14 层　邮政编码:450003
发行单位:黄河水利出版社
　　　　发行部电话:0371 - 66026940、66020550、66028024、66022620(传真)
　　　　E-mail:hhslcbs@ 126. com
承印单位:河南新华印刷集团有限公司
开本:850 mm ×1 168 mm　1/32
印张:1. 375
字数:34 千字　　　　　　　　印数:1—3 000
版次:2017 年 3 月第 1 版　　　印次:2017 年 3 月第 1 次印刷

定价:32. 00 元

河南省住房和城乡建设厅文件

豫建设标〔2017〕14号

河南省住房和城乡建设厅关于发布河南省工程建设标准《钻芯法检测砌体抗剪强度技术规程》的通知

各省辖市、省直管县（市）住房和城乡建设局（委），郑州航空港经济综合实验区市政建设环保局，各有关单位：

由河南省建筑科学研究院有限公司主编的《钻芯法检测砌体抗剪强度技术规程》已通过评审，现批准为我省工程建设地方标准，编号为 DBJ41/T168—2017，自 2017 年 4 月 1 日起在我省施行。

此标准由河南省住房和城乡建设厅负责管理，技术解释由河南省建筑科学研究院有限公司负责。

河南省住房和城乡建设厅

2017 年 3 月 2 日

前　言

根据《河南省住房和城乡建设厅关于印发2016年度河南省第二批工程建设标准制订修订计划的通知》(豫建设标〔2016〕81号)的要求,河南省建筑科学研究院有限公司组织相关单位经广泛调查研究,总结实践经验,参考国际、国内相关标准,并在广泛征求意见的基础上,编制本规程。

本规程的主要技术内容包括:1 总则;2 术语与符号;3 检测设备;4 检测技术;5 测强曲线;6 强度推定;附录。

在本规程执行过程中,请各相关单位注意总结经验,积累资料,随时将有关意见和建议反馈给河南省建筑科学研究院有限公司(郑州市金水区丰乐路4号,邮编:450053),以供今后修订时参考。

主编单位:河南省建筑科学研究院有限公司

参编单位:河南省建筑工程质量检验测试中心站有限公司

河南省建设工程设计有限责任公司

荥阳市永恒节能建筑装饰材料有限公司

许昌市建设工程质量检测站

河南五方合创建筑设计有限公司

河南建筑职业技术学院

郑州市工程质量监督站

郑州市正岩建设集团有限公司

郑州大学

主要起草人员:祁　冰　李慧慧　汪天舒　靳子君　张浩亮

目 次

1 总 则 ………………………………………………………… 1

2 术语与符号 …………………………………………………… 2

    2.1 术 语 …………………………………………………… 2

    2.2 符 号 …………………………………………………… 3

3 检测设备 ……………………………………………………… 4

    3.1 钻芯设备 ………………………………………………… 4

    3.2 抗剪强度检测设备 ……………………………………… 4

4 检测技术 ……………………………………………………… 6

    4.1 一般规定 ………………………………………………… 6

    4.2 测 点 …………………………………………………… 7

    4.3 芯样钻取 ………………………………………………… 7

    4.4 芯样抗剪试验 …………………………………………… 9

5 测强曲线 ……………………………………………………… 11

6 强度推定 ……………………………………………………… 13

附录 A 专用测强曲线的制定方法 ………………………… 15

附录 B 异常数据判断和处理 ……………………………… 17

本规程用词说明 ……………………………………………… 20

引用标准名录 ………………………………………………… 21

条文说明 ……………………………………………………… 22

1 总　则

1.0.1 为在砌体工程现场检测中,规范使用钻芯法检测砌体抗剪强度,做到技术先进、数据准确、安全可靠,制定本规程。

1.0.2 本规程适用于砌体工程中块体材料为混凝土普通砖、混凝土多孔砖、蒸压粉煤灰普通砖或烧结煤矸石普通砖时砌体抗剪强度的检测,其检测结果可作为处理砌体工程质量问题或结构性能鉴定的依据。

1.0.3 采用钻芯法检测砌体抗剪强度,除应符合本规程外,尚应符合国家现行有关标准的规定。

2 术语与符号

2.1 术 语

2.1.1 钻芯法检测砌体抗剪强度 testing shear strength of masonry with drilled core

从砌体中钻取芯样并加工处理后,沿芯样通缝截面进行抗剪强度试验,从而推定砌体抗剪强度的方法。

2.1.2 检测批 inspection lot

材料品种、强度等级相同,施工工艺、养护条件基本一致且龄期相近,总量不大于 250 m³ 的砌体构成的检测对象。

2.1.3 单个构件 individual member

同楼层同自然间同轴线且面积不大于 25 m² 的墙体。

2.1.4 块体 masonry unit

由烧结或非烧结生产工艺制成的实心或多孔直角六面体块材,其外形尺寸为 240 mm × 115 mm × 53 mm 或 240 mm × 115 mm × 90 mm。

2.1.5 测点 testing point

按检测方法要求,在构件上布置的一个或若干个检测点。

2.1.6 砌体抗剪强度换算值 conversion shear strength of masonry

由砌体芯样试件抗剪强度通过测强曲线计算得到的砌体抗剪强度值,相当于被测构件测试部位在所处条件及龄期下,标准双剪试件沿通缝截面抗剪强度值。

2.1.7 强度推定值 estimated strength

对各测点强度换算值按本规程的规则计算后,得出的单个构件或检测批的具有一定保证率的砌体抗剪强度值。

2.2　符　号

A_i——第 i 个测点砌体芯样试件首先发生剪切破坏的受剪灰缝的实测面积；

$f_{v,i}$——第 i 个测点砌体抗剪强度换算值；

$f_{v,\min}$——砌体抗剪强度换算值的最小值；

$f_{v,e}$——砌体抗剪强度推定值，相当于同龄期同条件养护砌体抗剪强度标准值；

$N_{v,i}$——第 i 个测点砌体芯样试件的剪切破坏荷载值；

m_{fv}——砌体抗剪强度换算值的平均值；

s_{fv}——砌体抗剪强度换算值的标准差；

$\tau_{v,i}$——第 i 个测点砌体芯样试件沿通缝截面破坏时的剪切强度；

δ——检测批强度换算值的变异系数；

δ_r——回归方程式的强度平均相对误差。

3 检测设备

3.1 钻芯设备

3.1.1 钻芯机应具有足够的刚度、便于固定并配有水冷却系统，其功率、转速等性能应保证芯样顺利取出，满足检测要求。

3.1.2 钻取芯样时宜采用人造金刚石薄壁钻头。钻头胎体不得有裂缝、缺边、少角、倾斜及喇叭口变形。钻头与钻芯机转轴的同轴度偏差不应大于 0.3 mm，钻头的径向跳动不应大于 1.5 mm。

3.1.3 钻芯机安装及钻取芯样过程中应保证芯筒与墙面始终垂直。

3.2 抗剪强度检测设备

3.2.1 砌体芯样抗剪试验设备应由加荷装置、测力系统、反力支撑装置组成，检测时测力系统应在检定或校准有效期内，并处于正常状态。

3.2.2 测力系统技术性能应符合下列规定：

    1 试件破坏荷载应大于测力系统全量程的 20% 且应小于测力系统全量程的 80%；

    2 测量示值相对误差不应超过 ±1%；

    3 工作行程不应小于 10 mm；

    4 测力系统示值的最小分度值不应大于 0.1 kN，并应具有峰值记录功能。

3.2.3 当出现下列情况之一时，测力系统应进行检定或校准：

    1 新仪器使用前；

2 达到检定或校准规定的有效期限；

3 测力系统出现示值不稳等异常时；

4 仪器经大修后；

5 遭受严重撞击或其他损害。

4 检测技术

4.1 一般规定

4.1.1 现场检测前宜收集下列资料：

　　1 工程名称及建设单位、设计单位、施工单位和监理单位名称；

　　2 检测范围和部位，以及块体、砂浆的种类和强度等级；

　　3 原材料试验报告；

　　4 施工时材料计量情况、养护情况及成型日期等；

　　5 必要的设计文件和施工资料；

　　6 检测原因；

　　7 工程修建时间。

4.1.2 砌体结构抗剪强度检测方式可分为单个构件检测或批量检测，其适用范围应符合下列规定：

　　1 单个构件检测仅限于对被测砌体构件的检测，其结论不应扩大到未检测的构件或范围；

　　2 批量检测适用于对同一检测批的检测；

　　3 大型结构构件可根据施工顺序、位置等划分为若干个检测区域，根据检测区域数量及检测需要，选择检测方式。

4.1.3 批量检测时，应进行随机抽样，且抽测构件数量不应少于6个；当一个检测批所包含的构件不足6个时，应按单个构件进行检测。

4.2 测 点

4.2.1 测点布置应符合下列规定：

1 测点应布置在墙肢长度不小于 1.5 m 的构件上；

2 同一构件同一水平面内测点不宜多于 2 个；

3 测点与砌体尽端、门窗洞口或后砌洞口的距离不应小于 200 mm，并应避开现浇混凝土构件、预埋件、拉结筋等；

4 单个构件检测时，测点数不应少于 3 个；

5 批量检测时，宜根据被测构件的面积及砌筑砂浆质量状况分散布置，每个构件可选 1~3 个测点，测点总数不应少于 15 个。

4.2.2 测点位置选定后，应清除砌体相应位置的饰面层，且不应损伤砌体。

4.3 芯样钻取

4.3.1 钻芯机就位并安放平稳后，应将钻芯机固定牢稳，并保证钻头垂直于墙面。

4.3.2 钻取芯样时进钻速度宜为 20~50 mm/min，钻芯过程应连续平稳，钻头在钻取芯样过程中应始终垂直于墙面，并应避免损伤芯样。

4.3.3 砌体上钻取的芯样应包括三层块体和两条水平灰缝，其中外层块体形状尺寸宜对称，当块体的外形尺寸为 240 mm × 115 mm × 53 mm 时，芯样直径应为 150 mm（图 4.3.3-1）；当块体的外形尺寸为 240 mm × 115 mm × 90 mm 时，芯样直径应为 190 mm（图 4.3.3-2）。

4.3.4 芯样应及时标记，当芯样不能满足要求时，应在原构件上重新钻取。

4.3.5 芯样应采取衬垫泡沫塑料等保护措施，避免在运输和储存过程中损坏。

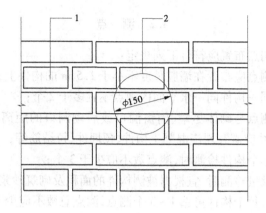

1—块体;2—钻取芯样位置

图 4.3.3-1 块体高度为 53 mm 的砌体芯样位置图示

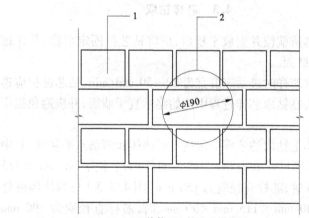

1—块体;2—钻取芯样位置

图 4.3.3-2 块体高度为 90 mm 的砌体芯样位置图示

4.3.6 钻芯后留下的孔洞应及时进行修补,并应满足原有砌体承载能力、使用功能和节能要求。

4.3.7 用于抗剪试验的芯样应符合下列规定:

1 芯样端部承压面每 100 mm 长度范围内的平整度偏差不应大于 1 mm；

2 端部承压面与受剪面灰缝垂直度偏差不应大于 1.5°；

3 砌体水平灰缝在芯样两端面上长度值的极差不应超过其平均值的 10%；

4 多孔砖砌体芯样圆弧面的孔洞应填补密实，且不应影响灰缝受剪面。

4.4 芯样抗剪试验

4.4.1 进行抗剪试验的芯样应处于自然干燥状态。

4.4.2 芯样抗剪试验应按下列步骤和要求进行：

1 对芯样端部承压面进行找平处理，使承压面垂直于受剪面灰缝，试件的中心线与反力支撑轴线重合。

2 将砌体抗剪试件立放在反力支撑装置承压板之间（图 4.4.2），在承压面处垫钢板，钢板不得影响灰缝受剪。

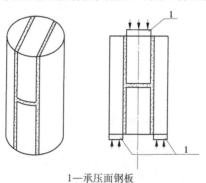

1—承压面钢板

图 4.4.2　芯样抗剪强度试验示意图

3 抗剪试验应采用匀速连续加荷方法，并应避免冲击，加荷速度宜控制在 0.2～0.5 kN/s。当芯样的一个受剪面首先发生剪切破坏时，记录剪切破坏荷载值和试件破坏特征，剪切破坏荷载值读数精确至 0.1 kN。

    4 量取首先发生剪切破坏的灰缝砂浆受剪面尺寸,读数应精确至 1 mm。

4.4.3 第 i 个测点砌体芯样试件沿通缝截面破坏时的剪切强度 $\tau_{v,i}$,应按下式计算:

$$\tau_{v,i} = \frac{N_{v,i}}{2A_i} \qquad (4.4.3)$$

式中 $\tau_{v,i}$——第 i 个测点砌体芯样试件沿通缝截面破坏时的剪切强度,精确至 0.01 MPa;

        $N_{v,i}$——第 i 个测点砌体芯样试件的剪切破坏荷载值,精确至 0.1 kN;

        A_i——第 i 个测点砌体芯样试件首先发生剪切破坏的受剪灰缝的实测面积,精确至 1 mm²。

4.4.4 当块体首先发生破坏时,该试件的检测值应作废,并应在记录中注明。

5 测强曲线

5.0.1 计算砌体抗剪强度换算值时,宜依次选用专用测强曲线、本规程测强曲线。专用测强曲线的制定应符合本规程附录 A 的要求。

5.0.2 采用本规程测强曲线的砌体应符合下列规定:

    1 采用普通砌筑砂浆用材料、拌和用水,以中砂为细集料;

    2 砌体厚度为 240 mm,块体为混凝土普通砖、混凝土多孔砖、蒸压粉煤灰普通砖和烧结煤矸石普通砖,其外形尺寸应为 240 mm×115 mm×53 mm 或 240 mm×115 mm×90 mm;

    3 采用普通施工工艺,龄期不少于 14 d;

    4 砌体抗剪强度为 0.08 ~ 1.00 MPa,砌筑砂浆抗压强度为 1.0 ~ 10.0 MPa。

5.0.3 当砌体存在下列情况之一时,应制定专用测强曲线:

    1 砌体厚度及块体类型不符合本规程第 5.0.2 条第 2 款的规定;

    2 采用粗砂或细砂配制;

    3 掺有微沫剂、引气剂;

    4 采用特种砌筑工艺制作;

    5 长期处于高温、潮湿环境或浸水状态。

5.0.4 砌体抗剪强度换算值应根据块体类型分别按下列公式计算:

    1 混凝土普通砖砌体:

$$f_{v,i} = 0.752\tau_{v,i}^{1.083} \tag{5.0.4-1}$$

    2 混凝土多孔砖砌体:

$$f_{v,i} = 0.782\tau_{v,i}^{0.824} \qquad (5.0.4-2)$$

3 蒸压粉煤灰普通砖砌体：

$$f_{v,i} = 0.625\tau_{v,i}^{0.842} \qquad (5.0.4-3)$$

4 烧结煤矸石普通砖砌体：

$$f_{v,i} = 0.715\tau_{v,i}^{0.809} \qquad (5.0.4-4)$$

式中 $f_{v,i}$——第 i 个测点砌体抗剪强度换算值，精确至 0.01 MPa。

$\tau_{v,i}$——第 i 个测点砌体芯样试件沿通缝截面破坏时的剪切强度，精确至 0.01 MPa。

6 强度推定

6.0.1 检测批砌体抗剪强度换算值的平均值、标准差和变异系数应分别按下列公式计算：

$$m_{f_v} = \frac{\sum\limits_{i=1}^{n} f_{v,i}}{n} \qquad (6.0.1\text{-}1)$$

$$s_{f_v} = \sqrt{\frac{\sum\limits_{i=1}^{n} (f_{v,i} - m_{f_v})^2}{n-1}} \qquad (6.0.1\text{-}2)$$

$$\delta = \frac{s_{f_v}}{m_{f_v}} \qquad (6.0.1\text{-}3)$$

式中 $f_{v,i}$——第 i 个测点砌体抗剪强度换算值；

m_{f_v}——砌体抗剪强度换算值的平均值，精确至 0.01 MPa；

n——检测批测点总数；

s_{f_v}——砌体抗剪强度换算值的标准差，精确至 0.01 MPa；

δ——检测批强度换算值的变异系数，精确至 0.01。

6.0.2 检测批各测点的强度换算值宜按本规程附录 B 规定的方法进行异常数据判断和处理。

6.0.3 当变异系数 δ 大于 0.25 时，宜检查检测结果离散性较大的原因，并应按下列规定进行处理：

当为检测批划分不当时，宜重新划分检测批，并可增加测点数进行补测后，重新分析计算；否则，应按单个构件进行强度推定。

6.0.4 砌体抗剪强度推定值 $f_{v,e}$ 的计算应符合下列规定：

1 当按单个构件检测时，应按下式计算：

$$f_{v,e} = f_{v,\min} \tag{6.0.4-1}$$

2 当按批量检测时,应按下式计算:

$$f_{v,e} = m_{f_v} - k s_{f_v} \tag{6.0.4-2}$$

式中 m_{f_v}——砌体抗剪强度换算值的平均值(MPa);

s_{f_v}——砌体抗剪强度换算值的标准差(MPa);

$f_{v,\min}$——砌体抗剪强度换算值的最小值(MPa);

k——计算系数,与确定强度标准值所取的概率分布下分位数、置信水平有关,当下分位数取 0.05、置信水平取 0.60 时,可按表 6.0.4 取值。

表6.0.4 计算系数

n	15	18	20	25	30	35	40	45	≥50
k	1.790	1.773	1.764	1.748	1.736	1.728	1.721	1.716	1.712

注:表中未列数据,可按内插法取值。

6.0.5 当砌体抗剪强度检测结果小于 0.08 MPa 或大于 1.00 MPa 时,可仅给出检测值范围 $f_{v,e}$ 小于 0.08 MPa 或 $f_{v,e}$ 大于 1.00 MPa。

附录 A 专用测强曲线的制定方法

A.0.1 制定专用测强曲线所用的砌体、标准抗剪强度试件应与检测砌体的原材料的品种和规格、施工工艺及养护方法等条件相同。

A.0.2 原材料准备应符合下列规定:

　　1 水泥应符合现行国家标准《通用硅酸盐水泥》GB 175 的规定;

　　2 砂、掺和料、拌制用水、外加剂等材料应符合现行行业标准《砌筑砂浆配合比设计规程》JGJ/T 98 的规定;

　　3 块体材料及砌筑砂浆种类应按专用测强曲线的需要确定。

A.0.3 砌体、抗剪强度试件的制作和养护应符合下列规定:

　　1 对于每一块体材料、每一类型的砌筑砂浆的强度等级不应少于 6 个。

　　2 按现行国家标准《砌体结构工程施工质量验收规范》GB 50203 中施工质量控制等级为 B 级的要求砌筑砌体,每一强度等级每类砌体的面积不少于 3 m²;

　　3 按现行国家标准《砌体基本力学性能试验方法标准》GB/T 50129 的要求砌筑标准抗剪强度试件,每一强度等级每类砌体试件不少于 3 组,每组不少于 6 个;

　　4 砌体、抗剪强度试件应在相同的条件下养护,同材料、同强度等级砌体和试件应在同一天内制作完毕;

　　5 检测龄期应包括 28 d、90 d、180 d。

A.0.4 在规定龄期,检测项目应包括下列内容,其检测方法应符合国家现行标准《砌墙砖试验方法》GB/T 2542、《砌体基本力学性能试验方法标准》GB/T 50129 的规定：

  1 块体材料强度；

  2 砌体芯样试件抗剪强度；

  3 标准砌体抗剪强度。

A.0.5 专用测强曲线的计算应符合下列规定：

  1 专用测强曲线的回归方程式，可采用最小二乘法原理进行计算；

  2 回归方程式的平均相对误差 δ_r 及相对标准误差 e_r，可按下列公式计算：

$$\delta_r = \pm \frac{1}{n} \sum_{i=1}^{n} \left| \frac{f_{v,i}}{\overline{f}_{v,i}} - 1 \right| \times 100\% \qquad (A.0.5\text{-}1)$$

$$e_r = \sqrt{\frac{1}{n-1} \sum_{i=1}^{n} \left(\frac{f_{v,i}}{\overline{f}_{v,i}} - 1 \right)^2} \times 100\% \qquad (A.0.5\text{-}2)$$

式中 δ_r——回归方程式的强度平均相对误差，精确至 0.1%；

      e_r——回归方程式的强度相对标准误差，精确至 0.1%；

      $f_{v,i}$——第 i 组试件的砌体芯样按回归方程式计算的砌体抗剪强度换算值，精确至 0.01 MPa；

      $\overline{f}_{v,i}$——对应于第 i 组试件的标准砌体抗剪强度平均值，精确至 0.01 MPa；

      n——制定回归方程式的数据组数。

A.0.6 专用测强曲线的误差应符合下列规定：

  1 平均相对误差 δ_r 不应大于 18.0%；

  2 相对标准误差 e_r 不应大于 20.0%。

附录 B 异常数据判断和处理

B.0.1 检测批的异常数据应按下列步骤进行判断：

1 将测点强度换算值按从小到大顺序排列为$f_{v,1}$、$f_{v,2}$、$\cdots$、$f_{v,n}$；

2 格拉布斯统计量G_n、G'_n应按下列公式进行计算：

$$G_n = (f_{v,n} - m_{f_v})/s_{f_v} \qquad (\text{B.0.1-1})$$

$$G'_n = (m_{f_v} - f_{v,1})/s_{f_v} \qquad (\text{B.0.1-2})$$

式中 m_{f_v}——砌体抗剪强度换算值的平均值；

$f_{v,n}$——砌体抗剪强度换算值的最大值；

$f_{v,1}$——砌体抗剪强度换算值的最小值；

s_{f_v}——砌体抗剪强度换算值的标准差。

3 检出水平α宜取0.05，按表B.0.1查取$G_{0.975}(n)$。当$G_n = G'_n$时，应重新考虑限定检出离群值的个数；当G_n大于G'_n且G_n大于$G_{0.975}(n)$时，可判定$f_{v,n}$为离群值；当G'_n大于G_n且G'_n大于$G_{0.975}(n)$时，可判定$f_{v,1}$为离群值，否则可判为未发现离群值。

4 剔除水平α^*取0.01，按表B.0.1查取$G_{0.995}(n)$。当G_n大于G'_n且G_n大于$G_{0.995}(n)$时，可判定$f_{v,n}$为统计离群值，否则可判定为未发现统计离群值，$f_{v,n}$为高端歧离值；当G'_n大于G_n且G'_n大于$G_{0.995}(n)$时，可判定$f_{v,1}$为统计离群值，否则可判断为未发现统计离群值，$f_{v,1}$为低端歧离值。

B.0.2 异常数据的处理应符合下列规定：

1 对于统计离群值和高端歧离值，宜从样本中剔除；对于低端歧离值，当有充分理由时，可从样本中剔除，当无法说明异常原因时，可在低端歧离值邻近位置重新取样复测，根据复测结果判断是否剔除；剔除的数据应留有原始记录、剔除的理由和必要的说明。

2 保留异常数据,增加样本数补充检测,然后进行数据判断和强度推定。

3 保留异常数据,重新划分检测批,然后进行数据判断和强度推定。

B.0.3 剔除异常数据后,应按本规程第6.0.1条的规定对余下的数据重新计算抗剪强度换算值的平均值、标准差和变异系数,然后继续按照本规程第B.0.1条的规定进行检验。直到不能检出统计离群值时,方可进行强度推定。

B.0.4 检出的统计离群值总数不宜超过最初样本量的5%,否则应按本规程6.0.3条的规定进行处理。

表 B.0.1 格拉布斯检验法的临界值表

测区数量 n	$G_{0.975}(n)$	$G_{0.995}(n)$	测区数量 n	$G_{0.975}(n)$	$G_{0.995}(n)$	测区数量 n	$G_{0.975}(n)$	$G_{0.995}(n)$
15	2.549	2.806	44	3.075	3.425	73	3.272	3.638
16	2.585	2.852	45	3.085	3.435	74	3.278	3.643
17	2.620	2.894	46	3.094	3.445	75	3.282	3.648
18	2.651	2.932	47	3.103	3.455	76	3.287	3.654
19	2.681	2.968	48	3.111	3.464	77	3.291	3.658
20	2.709	3.001	49	3.120	3.474	78	3.297	3.663
21	2.733	3.031	50	3.128	3.483	79	3.301	3.669
22	2.758	3.060	51	3.136	3.491	80	3.305	3.673
23	2.781	3.087	52	3.143	3.500	81	3.309	3.677
24	2.802	3.112	53	3.151	3.507	82	3.315	3.682
25	2.822	3.135	54	3.158	3.516	83	3.319	3.687
26	2.841	3.157	55	3.166	3.524	84	3.323	3.691

续表 B.0.1

测区数量 n	$G_{0.975}(n)$	$G_{0.995}(n)$	测区数量 n	$G_{0.975}(n)$	$G_{0.995}(n)$	测区数量 n	$G_{0.975}(n)$	$G_{0.995}(n)$
27	2.859	3.178	56	3.172	3.531	85	3.327	3.695
28	2.876	3.199	57	3.180	3.539	86	3.331	3.699
29	2.893	3.218	58	3.186	3.546	87	3.335	3.704
30	2.908	3.236	59	3.193	3.553	88	3.339	3.708
31	2.924	3.253	60	3.199	3.560	89	3.343	3.712
32	2.938	3.270	61	3.205	3.566	90	3.347	3.716
33	2.952	3.286	62	3.212	3.573	91	3.350	3.720
34	2.965	3.301	63	3.218	3.579	92	3.355	3.725
35	2.979	3.316	64	3.224	3.586	93	3.358	3.728
36	2.991	3.330	65	3.230	3.592	94	3.362	3.732
37	3.003	3.343	66	3.235	3.598	95	3.365	3.736
38	3.014	3.356	67	3.241	3.605	96	3.369	3.739
39	3.025	3.369	68	3.246	3.610	97	3.372	3.744
40	3.036	3.381	69	3.252	3.617	98	3.377	3.747
41	3.046	3.393	70	3.257	3.622	99	3.380	3.750
42	3.057	3.404	71	3.262	3.627	100	3.383	3.754
43	3.067	3.415	72	3.267	3.633			

注:当测点数量大于100时,可按测点数量为100取值。

本规程用词说明

1 为便于在执行本规程条文时区别对待,对要求严格程度不同的用词说明如下:

1)表示很严格,非这样做不可的用词:

正面词采用"必须";反面词采用"严禁"。

2)表示严格,在正常情况下均应这样做的用词:

正面词采用"应";反面词采用"不应"或"不得"。

3)表示允许稍有选择,在条件许可时首先这样做的用词:

正面词采用"宜";反面词采用"不宜"。

4)表示有选择,在一定条件下可以这样做的用词,采用"可"。

2 条文中指明应按其他有关标准执行的写法为"应符合……的规定"或"应按……执行"。

引用标准名录

1 《砌体基本力学性能试验方法标准》GB/T 50129

2 《砌体结构工程施工质量验收规范》GB 50203

3 《砌体结构设计规范》GB 50003

4 《建筑工程施工质量验收统一标准》GB 50300

5 《砌体工程现场检测技术标准》GB/T 50315

6 《计数抽样检验程序　第 1 部分:按接收质量限(AQL)检索的逐批检验抽样计划》GB/T 2828

7 《数据的统计处理和解释　正态样本离群值的判断和处理》GB/T 4883

8 《正态分布完全样本可靠度置信下限》GB/T 4885

河南省工程建设标准

钻芯法检测砌体抗剪强度技术规程

DBJ41/T168—2017

条 文 说 明

目　次

1　总　则 …………………………………………………… 24

3　检测设备 ………………………………………………… 26

　3.1　钻芯设备 …………………………………………… 26

　3.2　抗剪强度检测设备 ………………………………… 26

4　检测技术 ………………………………………………… 28

　4.1　一般规定 …………………………………………… 28

　4.2　测　点 ……………………………………………… 28

　4.3　芯样钻取 …………………………………………… 29

　4.4　芯样抗剪试验 ……………………………………… 29

5　测强曲线 ………………………………………………… 31

6　强度推定 ………………………………………………… 33

1 总 则

1.0.1 砌体结构造价低,施工工艺简单,具有良好的保温、隔热、隔声性能,在建筑结构体系中占有重要地位。近年来住宅房地产业发展迅速,中、小城市住宅仍以砌体结构为主导。汶川大地震震害分析显示:砖混结构的墙体多表现为剪切型破坏、弯剪倾覆型破坏和弯曲型破坏。砌体沿通缝截面抗剪强度是影响结构抗震承载力的一个关键因素,砌体结构抗剪性能检测具有重要意义。河南省建筑科学研究院有限公司经过试验研究,提出了钻芯法检测砌体抗剪强度。此方法从砌体中钻取芯样,对其进行沿通缝截面抗剪强度试验,根据砌体芯样破坏时的剪切应力换算出砌体抗剪强度。为在全省推广应用钻芯法检测砌体抗剪强度技术,提高检测精度,编制此规程。

1.0.2 当砌体采用的块体材料为混凝土普通砖、混凝土多孔砖、蒸压粉煤灰普通砖或烧结煤矸石普通砖时,可应用本规程进行检测,其块体物理指标应分别满足《混凝土实心砖》GB/T 21144、《承重混凝土多孔砖》GB 25779、《蒸压粉煤灰砖》JC/T 239、《烧结普通砖》GB 5101 的相关要求。

在正常情况下,砌体抗剪强度的验收与评定应按现行国家标准《砌体基本力学性能试验方法标准》GB/T 50129、《砌体结构工程施工质量验收规范》GB 50203、《建筑工程施工质量验收统一标准》GB 50300 等的要求,制作标准抗剪试件,按要求养护 28 d 后,测试试件抗剪强度。

当对新建砌体工程砌体标准抗剪试件强度产生怀疑时,或对既有砌体工程进行检测鉴定时,可采用本规程推定砌体抗剪强度。

1.0.3 此条保证本规程与其他标准协调统一,对其他相关标准中已有的规定不再重复。

3 检测设备

3.1 钻芯设备

3.1.1 当钻芯机振动较大或不够稳固时,取出的芯样表面粗糙不平,对检测精度影响较大。当钻芯机功率过小时,钻芯时间较长,易出现卡钻、芯样折断、芯样侧面波状起伏不平等情况。

3.1.2 钻头胎体有缺陷或同轴度偏差、径向跳动等过大,会影响钻芯质量,从而对检测结果造成影响。

3.1.3 钻芯机安装及芯样钻取过程中应始终让钻头与砌体表面保持垂直状态,否则会造成芯样端部承压面与受剪面灰缝垂直度偏差过大或端部承压面过小,从而对检测结果造成影响。

3.2 抗剪强度检测设备

3.2.1 砌体芯样抗剪强度检测仪器可由压力传感器、测力仪等组合构成,检测仪器的制造质量和计量精度直接关系到检测结果的精度,因此规定检测仪器应在检定或校准周期内使用。

3.2.2 试验数据显示,砌体芯样试件破坏荷载大多在 10～100 kN 范围内,试验前应预估破坏荷载值,根据试件破坏荷载选择测力系统量程。本规程参照《砌体基本力学性能试验方法标准》GB/T 50129对测力系统的精度提出要求。砌体芯样受力到破坏的过程中,本身发生压缩变形,所以规定工作行程不小于 10 mm。力值显示可采用数显式或指针式,在试验过程中,为便于准确测读最大破坏力值,测力系统应具备峰值显示或保持功能。

3.2.3 测力系统是用来测读砌体芯样破坏时最大抗剪力的,为保证量值的准确,需进行检定或校准。

4 检测技术

4.1 一般规定

4.1.1 现场检测之前,宜进行必要的资料准备,尽可能地全面了解有关原始记录和资料,为正确选择检测方案、准确推定砌体抗剪强度打下基础。

工程修建时间与按批量检测时确定强度推定值的方法有关。

4.1.2 检测目的和范围不同,检测方式也不同。有时只需要对砌体结构中某一墙体的砌体抗剪强度进行检测,或委托方只要求检测某一特定部位墙体的砌体抗剪强度,此时可进行单个构件检测。有时检测是为了确定某一楼层或某一检验批砌体的抗剪强度,或建筑物鉴定需要全面了解砌体结构质量情况,此时可进行批量检测。对于大型结构构件,如烟囱等,可根据检测区域数量及检测需要选择检测方式。

4.1.3 规定按批抽样检测随机抽样原则和抽测构件最小数量,抽测构件数量与现行国家标准《砌体工程现场检测技术标准》GB/T 50315 一致。

4.2 测 点

4.2.1 本检测方法对砌体有一定损伤,测点不应布置在墙肢长度过小的构件上,以保证结构安全。

砌体砌筑时,同一水平面砂浆一般为同一时间铺砌,测点布置应考虑不同时间砌筑的情况,避免位于墙体同一水平面。

测点分散布置,不仅包括测点在各构件上分散布置,还包括在同一构件的竖向与横向上分散布置。

4.2.2 砌体表面的饰面层影响测点芯样定位和抗剪试验,故作此要求。

4.3 芯样钻取

4.3.1 砌体本身整体性较差,如果钻芯机固定不牢,出现偏心、振动等,会损伤芯样,造成芯样不满足试验要求。

4.3.3 钻芯法检测砌体抗剪强度是从砌体中取出芯样,参照现行国家标准《砌体基本力学性能试验方法标准》GB/T 50129 中标准砌体抗剪试件三层砖两条水平灰缝的结构构造进行抗剪强度试验,芯样的外层砌块形状应对称,以达到预期试验效果。

4.3.4~4.3.6 对芯样的标记、保护和钻芯后孔洞处理进行了规定。

4.3.7 芯样应满足本条规定,以便在试验过程中受力均匀,减小检测数据离散性。多孔砖砌体芯样两侧只有半个砖的厚度且含孔洞,在进行抗剪试验时,可能首先出现块体局部受压破坏的情况,故应将多孔砖两侧的孔洞填补密实。填补时尚应采取措施将填补材料与砌筑砂浆隔离,避免填补材料影响灰缝受剪面。

4.4 芯样抗剪试验

4.4.1 一般情况下,芯样加工后在自然干燥条件下放置 3 d 左右时间可以满足抗剪试验要求。

4.4.2 芯样端部承压面找平处理可采用 1:3 水泥砂浆或聚合物砂浆等,找平层厚度不宜小于 10 mm,其平整度可采用水平尺和直角尺检查。

芯样发生剪切破坏时,两个受剪灰缝各承担一半荷载,当一侧灰缝抗剪承载力达到极限后,芯样灰缝出现相对位移,芯样试件破坏,应记录此时的破坏荷载值和试件破坏特征。

4.4.3 平均剪切应力计算公式与现行国家标准《砌体基本力学性能试验方法标准》GB/T 50129 中公式(5.0.4)一致。检测中多数试件的两个受剪面不能同时破坏,但在破坏前两条灰缝同时受力则是确定无疑的,两条灰缝不能同时破坏亦属正常现象。按公式(4.4.3)计算的剪切强度略小于实际的剪切强度,这样计算偏于安全。

4.4.4 当块体首先发生破坏时,检测结果不能反映砌体的抗剪强度。

5 测强曲线

5.0.1 规程编制组选择有代表性的地区进行了试验研究,汇总了郑州、许昌等地试验数据,确定了本规程的测强曲线。专用测强曲线是针对某类施工技术条件建立的,所用原材料、施工方法、养护条件一致性更好,针对性更强,宜优先使用。

5.0.2 本条对采用本规程测强曲线的砌体进行了规定。

    1 试验表明,水泥品种、掺加料等对测强影响不大,因此规定原材料应符合普通砌筑砂浆用材料、拌和用水的质量标准,拌制砂浆用砂的细度对测强有一定影响,本规程测强曲线是按中砂确定的。

    2 砌体芯样抗剪强度试验方法与《砌体基本力学性能试验方法标准》GB/T 50129 中砌体沿通缝截面抗剪强度试验方法一致,但因尺寸效应等因素影响,砌体芯样抗剪强度与砌体沿通缝截面抗剪强度有较大差异,需要通过大量试验,建立砌体芯样抗剪强度与标准砌体抗剪强度的对应关系。试验表明,块体材料不同试验结果有较大差异,为提高检测精度,本规程按块体分类进行试验数据分析。

    规程编制组对块体进行了调研,选择我省在工程结构中应用较广、技术成熟的块体材料进行试验研究,承重块体材料主要包括混凝土普通砖、混凝土多孔砖、蒸压粉煤灰普通砖、烧结煤矸石普通砖。

    砌体工程中常用承重砌体厚度为 240 mm、370 mm 等。对比试验表明,370 mm 厚砌体试验数据离散性较大,砌体厚度对钻芯法检测砌体抗剪强度的影响不可忽视,本规程制定测强曲线时,砌体厚度为 240 mm。

3 普通施工工艺一般指人工或机械搅拌(含预拌砂浆),并由人工砌筑成型。

龄期不足 28 d 时,仍有部分工程有检测要求,但龄期过短,砌体可能还处于潮湿状态,且砂浆强度较低,钻芯时水流冲刷影响较大,一般来说龄期不少于 14 d,砌体可以满足取芯要求。

4 现行国家标准《砌体结构设计规范》GB 50003 中砌浆强度等级高于 M10 时,沿砌体通缝截面的抗剪强度设计值按砂浆强度等级为 M10 取值,为与此标准协调,规定本规程砌筑砂浆抗压强度范围。

5.0.3 本条对需要制定专用测强曲线的砌体进行了规定。

1 砌体厚度或块体材料对检测结果影响较大,当这些条件与本规程制定测强曲线的条件不一致时,应制定专用测强曲线。

2 建立本规程测强曲线时采用的是中砂配制的砌筑砂浆,采用粗砂或细砂配制砌筑砂浆时的研究数据较少,且与本规程测强曲线有一定的差异,应制定专用测强曲线。

3 砌筑砂浆中掺入微沫剂或引气剂后,砂浆性能、强度、表面状态将发生很大变化。

4 特种砌筑工艺指采用现场配料人工搅拌、机械搅拌、预拌砂浆现场搅拌以外的施工工艺。

5 本规程建立测强曲线时以自然干燥状态的砌体为试验对象,长期处于高温、潮湿环境或浸水状态的砌体,其物理性能与自然干燥状态的砌体会有较大差异。

5.0.4 近年来新型墙材发展很快,规程编制组对此进行了广泛的调研,选择在工程结构中应用较广、技术成熟的块体材料进行了试验研究。针对采用不同块体材料的砌体芯样抗剪强度与标准砌体抗剪强度建立一一对应关系,确定了测强曲线。

6 强度推定

6.0.1 计算强度平均值、标准差和变异系数,可综合反映检测批砌体抗剪强度值的分布情况。

6.0.2 实际工程检测过程中可能出现异常数据,宜对检测批数据进行判断和处理。

待检工程砌体抗剪强度值的总体标准差是未知的,异常值检验宜采用格拉布斯检验法或狄克逊检验法,本规程附录 B 采用了格拉布斯检验法。检测批的异常数据的判断和处理按现行国家标准《数据的统计处理和解释 正态样本离群值的判断和处理》GB/T 4883 中双侧情形检验的规定执行。

6.0.3 当检测结果的变异系数较大时,可能有某些未知因素的影响,应根据实际情况选择相应的处理方式。

6.0.4 本条规定了砌体抗剪强度推定值的公式。本规程计算公式、术语和符号等与现行国家标准《砌体工程现场检测技术标准》GB/T 50315 保持一致,计算系数取值来源于现行国家标准《正态分布完全样本可靠度置信下限》GB/T 4885,但个别术语和符号略有差别。

6.0.5 检测结果超出测强曲线的适用范围时将难以保证其精度,故不宜给出其具体检测值,可仅给出其取值范围。